La prueba
de la serpiente

Jimmy Huston

☐ ¿Verdadero? ☐ ¿Falso? ☐ Tal vez.

Cosworth Publishing
21545 Yucatan Avenue
Woodland Hills CA 91364
www.cosworthpublishing.com

Para más información sobre este consentimiento,
escríbanos a *office@cosworthpublishing.com.*

☐ **¿Verdadero?** ☐ **¿Falso?** ☐ **Probablemente.**

Dedicado a Eva

(con las debidas disculpas)

☐ ¿Verdadero? ☐ ¿Falso? ☐ ¿Quién sabe?

Así que esta es mi historia, contada por mí. Y no fue fácil.

Escribir con lápiz es demasiado difícil para las serpientes. Aunque tengamos la boca cerca, estamos demasiado cerca de la página para leer.

Así que tuve que mecanografiar este libro.

No en un ordenador, por supuesto. No entiendo mucho de ordenadores.

En una vieja máquina de escribir.

Además, quiero que sepas que todos los datos de este libro son ciertos.

Son las mentiras, exageraciones e invenciones las que no lo son.

☐ ¿Verdadero? ☐ ¿Falso? ☐ Ambas cosas.

En primer lugar, permíteme decir esto.

Déjame en paz.

☐ ¿Verdadero? ☐ ¿Falso? ☐ Tal vez.

No me pises. No me agarres. No me persigas.

Entonces nos llevaremos bien.

☐ ¿Verdadero? ☐ ¿Falso? ☐ ¡Claro que sí!

Apuesto a que lo primero que quieres saber es,
"¿Soy venenoso?"

☐ ¿Verdadero? ☐ ¿Falso? ☐ ¡Ahm, sí!

4

Hablaremos de ello más adelante.

☐ ¿Verdadero? ☐ ¿Falso? ☐ ¿Por qué no AHORA?

5

No siempre hay que tener tanto miedo a las serpientes.
En realidad somos bastante guays.

Somos silenciosas. No ladramos, ni mugimos, ni
cacareamos.

Nos apartamos de tu camino todo lo que podemos.

Mi piel es bonita. (Se me cae de vez en cuando).

☐ ¿Verdadero? ☐ ¿Falso? ☐ ¿De verdad?

No desenterramos tu jardín ni perseguimos a tus mascotas.

No fumamos puros ni cigarrillos.

Teniendo en cuenta que no tenemos piernas, brazos, manos, pies, orejas, párpados, alas, aletas, pelaje, garras ni cuernos, lo hacemos bastante bien.

☐ ¿Verdadero? ☐ ¿Falso? ☐ Dudoso.

Podemos escalar.

Puedo subir a un árbol, a un poste de la valla o a un poste telefónico. Eso está bien porque, desde luego, no soy muy alto.

☐ ¿Verdadero? ☐ ¿Falso? ☐ Tampoco.

Curiosamente, sé nadar aunque no sé remar ni dar patadas.

Algunas serpientes viven incluso en el océano. (Pero no en la playa).

☐ ¿Verdadero? ☐ ¿Falso? ☐ Espero que no.

No puedo volar, por supuesto, excepto hacia abajo.

Después de subirme a un árbol, puedo bajar volando desde él, al suelo o al agua.

Eso pasa. Es muy parecido a caerse.

☐ ¿Verdadero? ☐ ¿Falso? ☐ Uy.

Hay algunas serpientes llamadas "serpientes voladoras",
pero en realidad no vuelan.

Las serpientes voladoras sólo pueden planear,
desplazándose de un árbol a otro más bajo.

Pero tiene pinta de volar. Y parece divertido.

☐ ¿Verdadero? ☐ ¿Falso? ☐ Tampoco.

11

Tengo un gran sentido del olfato. De hecho, ahora mismo, mientras lees esto, puedo olerte.

Eso parece molestarte un poco, y puedo sentir que tu olor está cambiando (no en el mal sentido).

En realidad no sólo te estoy oliendo. Te estoy saboreando.

Si algo me huele interesante, paso la lengua bífida. ¿Por qué?

☐ ¿Verdadero? ☐ ¿Falso? ☐ Flick, flick, flick.

Porque tengo un súper sensor de olores (llamado órgano de Jacobson) en el paladar.

Cuando saco la lengua, capta los olores del aire. Cuando vuelvo a meterla en la boca, mi súper olfateador se pone a trabajar y me dice lo que hay ahí fuera.

¿Estoy oliendo la cena? ¿Una pizza quizás? ¿O un delicioso ratón?

☐ ¿Verdadero? ☐ ¿Falso? ☐ Olfatea, olfatea.

¿Por qué tengo la lengua bífida?

¿Porque tiene un aspecto superguay?

Tal vez, pero también porque, según el lado de la lengua en el que esté un olor, puedo saber si viene de mi izquierda o de mi derecha.

Y ahí es donde está la cena.

¡Huelo en estéreo!

☐ ¿Verdadero? ☐ ¿Falso? ☐ ¡Qué asco!

14

Somos grandes cazadores. Las serpientes son pacientes y nosotros tranquilos.

Nuestras mandíbulas se abren tanto que nuestra boca es más grande que nuestra cabeza. A menudo tragamos presas vivas. A veces sólo comemos una vez al mes.

Normalmente comemos roedores, pero también cualquier bicho pequeño. Ratones. Huevos. Insectos. Peces. Ranas. Saltamontes. Y pájaros.

(Si un pájaro -- que puede volar -- es atrapado por una serpiente sin patas, quizá merezca ser devorado).

☐ ¿Verdadero? ☐ ¿Falso? ☐ Poco probable.

Puede que pienses que la cola de una serpiente empieza en la cabeza, pero no es cierto. La cola empieza en las patas traseras de la serpiente.

☐ ¿Verdadero? ☐ ¿Falso? ☐ ¿Patas?

De acuerdo, las serpientes no tenemos patas, pero las tuvimos hace mucho tiempo. Ahora nuestras patas se han reducido a pequeños "espolones", pero están ahí... y ahí es donde empieza la cola.

☐ ¿Verdadero? ☐ ¿Falso? ☐ ¡Qué locura!

Hay más de 3.600 tipos de serpientes.

Tenemos un apretón de manos secreto, pero ninguno de nosotros puede hacerlo.

☐ ¿Verdadero? ☐ ¿Falso? ☐ ¡Caramba!

A veces, para conservar el calor, hibernamos en grupos llamados nido, madriguera, cama, ozo o deslizador. (O, si nos agrupamos para aparearnos, un nudo).

☐ ¿Verdadero? ☐ ¿Falso? ☐ ¿Un nudo?

Somos de sangre fría (llamados ectotermos o poiquilotermos), por lo que nos gusta tumbarnos al sol.

Y nos gusta dormir... mucho. A veces hasta dieciséis horas al día.

Pero no tenemos párpados, así que no podemos cerrar los ojos, ni siquiera para parpadear o guiñar un ojo. Por suerte, tenemos escamas transparentes que protegen nuestros ojos.

☐ ¿Verdadero? ☐ ¿Falso? ☐ Ambos.

20

Las serpientes no comen verduras ni otras plantas.
Tampoco comemos en restaurantes de comida rápida ni en
hoteles de lujo.

A veces nos comemos a otras serpientes. (No se lo digas a
mamá.)

Las serpientes nunca comen nada más grande que una
jirafa. Quizá por eso no se ven muchas jirafas por aquí.

☐ ¿Verdadero? ☐ ¿Falso? ☐ Tampoco.

21

¿Cómo distinguir una serpiente niño de una serpiente niña?

La cola de una serpiente macho es más larga y gruesa.

☐ ¿Verdadero? ☐ ¿Falso? ☐ Y su sombrero
es más grande.

A veces, (no muy a menudo) una chica serpiente lleva pintalabios y tacones altos.

☐ ¿Verdadero? ☐ ¿Falso? ☐ ¡*Ooh la la!*

23

La mayoría de los tipos de serpientes ponen huevos que se convierten en "crías".

Algunos tipos dan a luz serpientes vivas llamadas "neolatos". Suena bonito, ¿verdad?

Las crías de serpiente son "viborezno".

☐ ¿Verdadero? ☐ ¿Falso? ☐ ¿Viborezno? Lo dudo.

24

Las serpientes no sabemos montar en bicicleta, pero vamos mucho mejor en monopatín.

☐ ¿Verdadero? ☐ ¿Falso? ☐ Así que pásate.

El pulmón izquierdo de una serpiente puede ser más pequeño o faltar por completo, mientras que el pulmón derecho se encarga de toda la respiración. Se extiende a lo largo de la serpiente.

Por eso las serpientes buenas nunca fuman.

☐ ¿Verdadero? ☐ ¿Falso? ☐ Absurdo.

Las serpientes no pueden tocar la guitarra o el piano en tu grupo, pero pueden ser muy buenas bateristas.

Especialmente las serpientes de cascabel.

☐ ¿Verdadero? ☐ ¿Falso? ☐ ¿Errrr...?

Sobre esos cascabeles.

Cualquier serpiente con cascabeles es peligrosa.

Los traqueteos están ahí por una buena razón.

Te dicen que la serpiente está molesta. Y eso es algo malo.

Deja en paz a esa serpiente. Vete.

☐ ¿Verdadero? ☐ ¿Falso? ☐ Uh oh...

A veces las serpientes de cascabel pierden sus cascabeles.

Eso las hace callar.

Pero aún pueden morder.

Y, la mordedura sigue siendo venenosa.

Cuidado donde pisas.

☐ ¿Verdadero? ☐ ¿Falso? ☐ ¡Ay!

Admito que ser una serpiente conlleva algunos problemas.

Nos encantan las madrigueras, pero no sabemos cavar.

No podemos masticar la comida.

No parpadeamos. Y eso significa que no podemos guiñar el ojo. Ni sonreír.

O cantar.

☐ ¿Verdadero? ☐ ¿Falso? ☐ Lástima.

30

No oigo mucho, porque no tengo oídos.

(Eso también significa que no puedo llevar gafas porque se me caen continuamente.)

En realidad no necesito oídos, porque de todas formas nadie me habla nunca.

Yo sí "siento" muchos gritos cuando veo a la gente correr.

☐ ¿Verdadero? ☐ ¿Falso? ☐ ¿Eh?

31

No tengo manos, así que no puedo aplaudir. No tengo dedos, así que no puedo atarme los zapatos, que no tengo, porque no tengo pies.

Sin pies no se baila, pero de todas formas no oigo la música. Puedo sentir las vibraciones, como se puede "oír" un coche lleno de adolescentes que pasa con el bajo a todo volumen.

☐ ¿Verdadero? ☐ ¿Falso? ☐ Ambos.

32

No puedo hacer lagartijas.

No puedo hacer dominadas.

Ni siquiera puedo correr. Pero, podría ser tan rápido como tú.

Una serpiente rápida puede ir a 18 millas por hora.

☐ ¿Verdadero? ☐ ¿Falso? ☐ ¿Puedes correr
tan rápido?

Algunas serpientes, llamadas constrictoras, se enroscan alrededor de su presa y la estrujan hasta matarla antes de comer.

Les encantan los pretzels gigantes.

☐ ¿Verdadero? ☐ ¿Falso? ☐ Perturbador.

34

En algunas selvas, las serpientes pueden crecer lo
suficiente como para tragarse a una persona entera.

Si vives en una jungla, comprueba siempre debajo de la
cama.

☐ ¿Verdadero? ☐ ¿Falso? ☐ ¡Definitivamente!

¿Somos peligrosos?

Tal vez. Todo depende.

¿Qué tan cerca estás?

¿Qué estás haciendo?

☐ ¿Verdadero? ☐ ¿Falso? ☐ Estoy
36 retrocediendo.

Pregúntate esto...

Si alguien te estuviera amenazando y lo único que tuvieras para protegerte fueran los dientes, ¿qué harías?

Usarías tus dientes. Morderías.

¿Y si esos dientes tuvieran veneno?

☐ ¿Verdadero? ☐ ¿Falso? ☐ ¡Ay!

Esa es la cuestión. Todas las serpientes pueden morder. (Seguro que no pueden golpear o patear).

Pero algunas serpientes tienen dos grandes dientes delanteros (llamados colmillos) que son huecos y contienen veneno (llamado ponzoña) que puede hacer que una mordedura sea mortal. Se llaman víboras.

En Norteamérica hay cuatro tipos.

☐ ¿Verdadero? ☐ ¿Falso? ☐ Demasiados.

Cuando caza, el veneno de la mordedura de una víbora mata a su presa.

Por suerte, cuando una víbora se traga la presa, el veneno no daña a la serpiente.

Pero... si la serpiente se muerde accidentalmente a sí misma, también puede morir por el veneno.

☐ ¿Verdadero? ☐ ¿Falso? ☐ Es justo.

Así que... después de todo eso... ¿aún te preguntas: "Soy venenoso"?

Si todavía no lo sabes... con cuidado, despacio, cierra el libro.

Apártalo en silencio.

Y, sobre todo, no lo olvides. Déjame en paz.

EL FIN

☐ ¿Verdadero? ☐ ¿Falso? ☐ Adios.

P.D. En realidad no he mecanografiado este libro en una máquina de escribir. Eso es una tontería.

Lo dicté.

☐ ¿Verdadero? ☐ ¿Falso? ☐ Lo que sea...

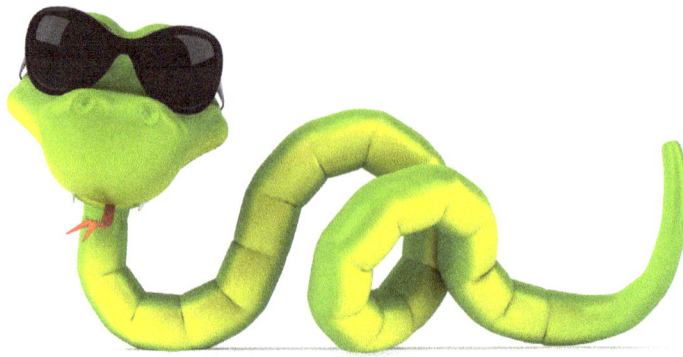

Sobre el autor

Este libro no fue escrito por una serpiente. La verdad es que no. Lo escribió un tipo que habla con serpientes. Y las escucha. [1] Le dijeron lo que tenía que escribir. Se limita a hacer lo que le dicen.

Vive en Woodland Hills, California, con su mujer y su perro, y la simpática serpiente a la que el perro no para de ladrar en el agujero bajo el arbusto del jardín trasero.

Y ha escrito un montón de tonterías más. Compruébelo en *www.byjimmyhuston.com* o *www.cosworthpublishing.com*.

RESPUESTAS: Página de título - Verdadero; Página de información - Verdadero; Página de dedicatoria - ¿Quién sabe?; Página 1 - Verdadero; Página 2 Verdadero; Página 3 Ciertamente; Página 4 ¡Ahm, Ambos; Página 5 ¿Por qué no AHORA?; Página 6 Verdadero; Página 7 Verdadero; Página 8 Verdadero; Página 9 Verdadero; Página 10 Verdadero; Página 11 Verdadero; Página 12 Flick, flick, flick; Página 13 Verdadero; Página 14 Verdadero; Página 15 Verdadero; Página 16 Verdadero; Página 17 Verdadero; Página 18 ¡Caramba!; Página 19 Verdadero; Página 20 Verdadero; Página 21 Verdadero; Página 22 Verdadero; Página 23 ¡Ooh la la!; Página 24 Verdadero; Página 25 Así que déjate caer; Página 26 Verdadero; Página 27 ¿Errr...?; Página 28 Verdadero; Página 29 Verdadero; Página 30 Verdadero; Página 31 Verdadero; Página 32 Verdadero; Página 33 Verdadero; Página 34 Perturbador; Página 35 ¡Definitivamente!; Página 36 Estoy retrocediendo; Página 37 ¡Ay!; Página 38 Verdadero; Página 39 Es justo; Página 40 Adiós; Página 41 Lo que sea...; Página 42 Buenas noches.

☐ ¿Verdadero? ☐ ¿Falso? ☐ Buenas noches.

Libros de Jimmy Huston

www.cosworthpublishing.com

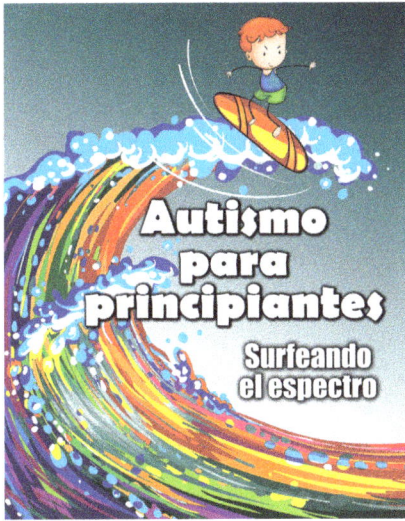

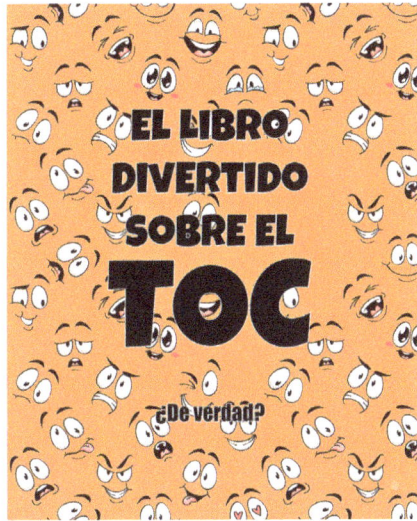

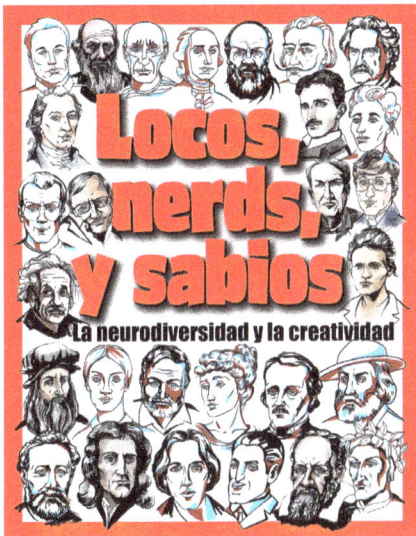

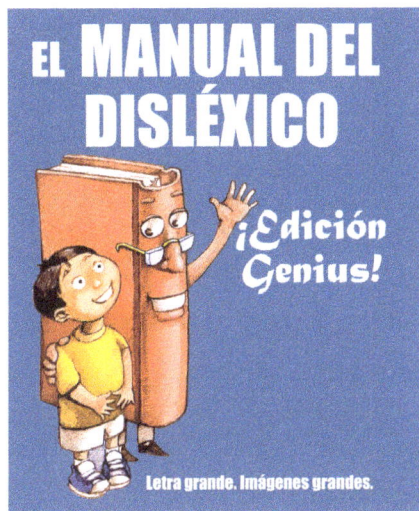

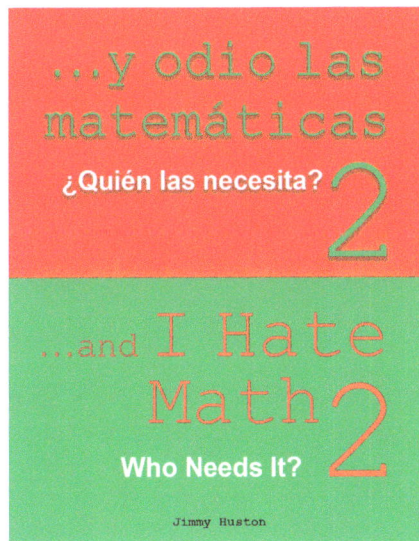

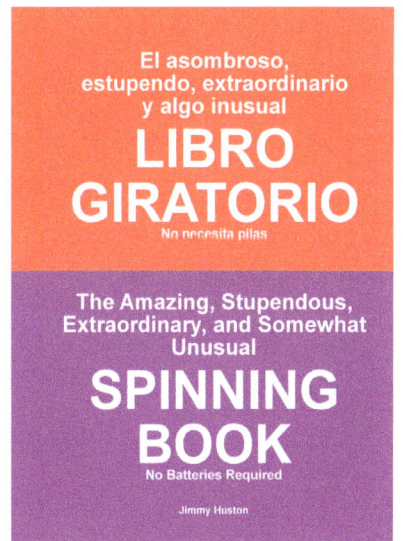

Autismo para principiantes
Surfeando el espectro

EL LIBRO DIVERTIDO SOBRE EL TOC
¿De verdad?

El Libro de Cocina sobre el Trastorno de Déficit de Atención e Hiperactividad
EDICIÓN ROMPECABEZAS

Locos, nerds, y sabios
La neurodiversidad y la creatividad

EL MANUAL DEL DISLÉXICO
¡Edición Genius!
Letra grande. Imágenes grandes.

¡GROSERÍAS para NIÑOS!
Etiqueta para los Profanos
CUSSING for KIDS!
Etiquette for the Profane

El libro detesto leer
The I Hate to Read Book
Jimmy Huston

...y odio las matemáticas
¿Quién las necesita? 2
...and I Hate Math 2
Who Needs It?
Jimmy Huston

El asombroso, estupendo, extraordinario y algo inusual
LIBRO GIRATORIO
No necesita pilas
The Amazing, Stupendous, Extraordinary, and Somewhat Unusual
SPINNING BOOK
No Batteries Required
Jimmy Huston

Libros de Jimmy Huston

www.cosworthpublishing.com

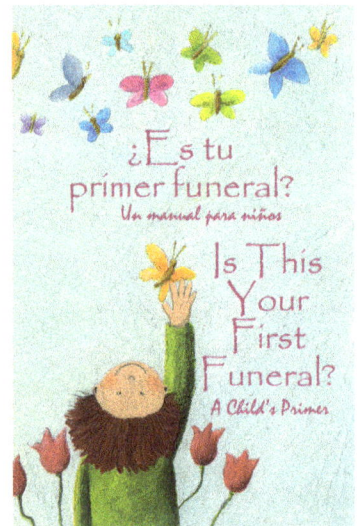

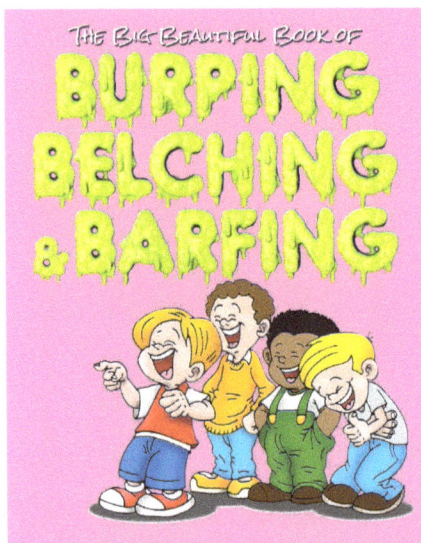

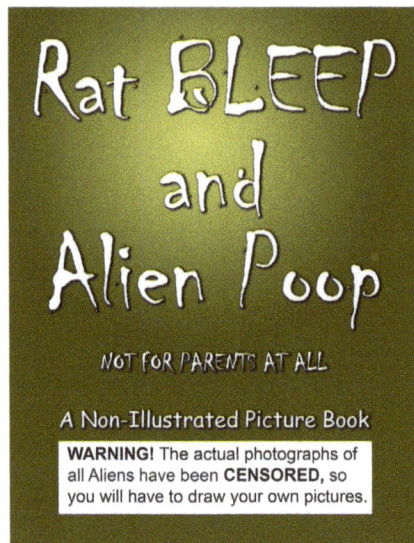

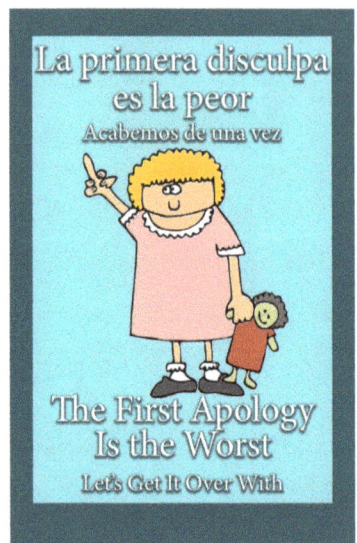

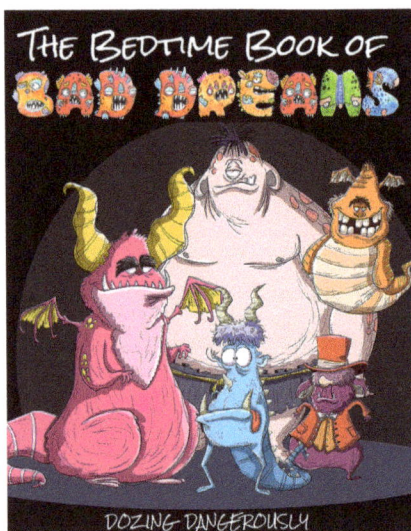

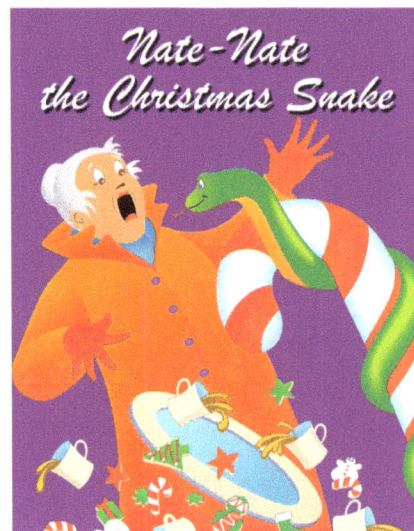

Mariposita Summer

Mariposita verano

In English and Spanish.
En español y ingles.

¿Por qué mi mamá no puede pasar más tiempo conmigo?

¿Es tu primer funeral?
Un manual para niños

Is This Your First Funeral?
A Child's Primer

THE BIG BEAUTIFUL BOOK OF
BURPING BELCHING & BARFING

Rat BLEEP and Alien Poop

NOT FOR PARENTS AT ALL

A Non-Illustrated Picture Book

WARNING! The actual photographs of all Aliens have been CENSORED, so you will have to draw your own pictures.

La primera disculpa es la peor
Acabemos de una vez

The First Apology Is the Worst
Let's Get It Over With

THE BEDTIME BOOK OF
BAD DREAMS

DOZING DANGEROUSLY

Nate-Nate the Christmas Snake

¡Ese extraño angelito!

ENCUÉNTRALO ALLÁ DONDE ODIEN LOS LIBROS

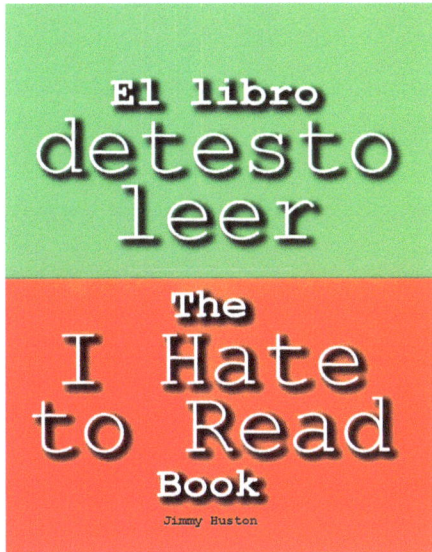

El libro detesto leer

The I Hate to Read Book

Jimmy Huston

En español y inglés.

Si estás leyendo esto, este libro no te va a gustar.

No es para ti.

Este libro es para las personas que no lo están leyendo.

A ellos tampoco les gustará, pero es corto.

Eso les gustará.

"En realidad no leí este libro. Si lo hubiera leído me habría encantado — pero nunca lo haré."   *Billy*

"La palabra odio no alcanza. Detesto leer. Ni siquiera me gusta mirar los dibujos - que además no tiene."   *Wally*

"Esto no es lo que escribí sobre este estúpido libro."   *Zane*

"Este es un gran libro para la mesita, si tu mesita odia leer."
Solomon

"Este libro hizo llorar a mi profe."   *David*

"Mi hijo amó este libro. Dijo que estaba delicioso."   *Sr. Jones*

"ESTE LIBRO ES TAN ESTÚPIDO QUE HASTA YO PODRÍA HABERLO ESCRITO."   *Jimmy "*

www.ingramcontent.com/pod-product-compliance
Lightning Source LLC
Chambersburg PA
CBHW041602260326
41914CB00011B/1363